© 2017, Jérôme BELLAYER
Editeur : BoD – Books on Demand,
12/14 rond-point des Champs Elysées, 75008 Paris
Impression : BoD – Books on Demand, Allemagne

ISBN : 978-2-3220-8635-1

Dépôt légal : novembre 2017

Savant fou à domicile

***

Les grands classiques du slime

(et trois recettes pour fabriquer des balles rebondissantes)

Par
Jérôme BELLAYER

Professeur de Sciences Physiques

Table des matières

Le slime
Un peu de chimie
Fabriquer du borax .... p. 1
L'original .... p. 2
Colle et borax .... p. 4
Colle et lessive .... p. 6
Colle et Rénu .... p. 8
Mangeable .... p. 10
Transparent .... p. 12
Magnétique .... p. 14
Moelleux .... p. 16
Allégé .... p. 17
De fête ! .... p. 18
Balle rebondissante (1) .... p. 19
Balle rebondissante (2) .... p. 20
Balle rebondissante (3) .... p. 22

Le slime

Derrière ce mot anglais qui veut dire « bave », se cache une substance très à la mode ces derniers temps. Fait maison ou industriel, personnalisé ou non, le slime fascine enfants et adultes. Cette substance gluante et malléable fait son apparition commerciale vers 1976 dans certains jouets de la société Mattel. Au milieu des années 80, le slime est projeté sur le devant de la scène grâce au film culte *S.O.S. Fantômes* dans lequel toute personne qui se fait traverser par un fantôme se retrouve engluée dans une substance collante et dégoulinante. La simplicité de sa fabrication a ensuite contribué à sa diffusion à grande échelle et à sa déclinaison en de nombreuses variantes.

Dans cet ouvrage, vous trouverez les différentes recettes pour fabriquer vous-même cette pâte fascinante et obsédante ainsi que quelques variantes afin de donner des propriétés amusantes à votre slime. Les recettes proposées utilisent, pour la très grande majorité, des produits d'usage courant. Elles ont été testées et fonctionnent parfaitement contrairement à de trop nombreuses vidéos circulant sur Internet qui peuvent s'avérer très décevantes.

Les différentes recettes proposées dans ce livre constituent une base que vous pourrez modifier, développer et qui vous ouvrira les portes du monde fascinant du slime !

AVERTISSEMENT

Les substances utilisées dans ce livre ne sont pas dangereuses mais peuvent, de manière occasionnelle, présenter des propriétés allergènes.

Il faut donc bien se laver les mains après la fabrication ou l'utilisation du slime.

En cas de doute, l'utilisation de gants est conseillée pour la fabrication et la manipulation.

Un peu de chimie

✸ La formation du slime

La colle blanche contient un polymère : l'acétate de polyvinyle. Un polymère est une longue molécule constituée par la répétition d'un groupe d'atomes : le monomère (d'où le préfixe « poly »).

$$\cdots -CH_2-CH(-O-C(=O)-CH_3)-CH_2-CH(-O-C(=O)-CH_3)-CH_2-CH(-O-C(=O)-CH_3)-CH_2-CH(-O-C(=O)-CH_3)- \cdots$$

Le borax est un composé dont la formule chimique est la suivante :

$$Na^+ \; O^- -B(=O)-O-B(-O^-Na^+)-O-B-O-B(=O)$$

Dissout dans l'eau, il prend la forme suivante (ion borate) :

$$B(OH)_4^-$$

Lorsque l'acétate de polyvinyle est mélangé avec le borax (ou plutôt l'ion borate), ce dernier va créer des ponts entre les longues molécules. On dit qu'il se produit une réticulation.

Exemple avec l'alcool polyvinylique :

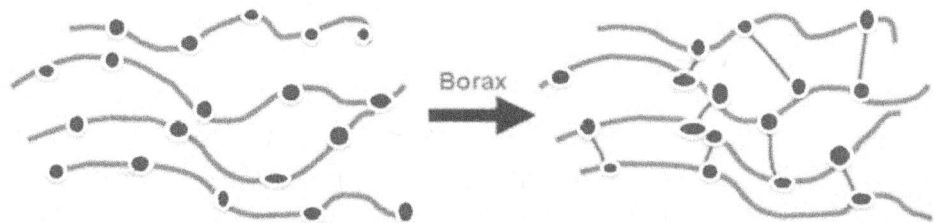

Le mécanisme exact de celle-ci diffère selon les sources d'informations. L'idée principale à retenir est que les longues molécules vont se lier les unes aux autres par l'intermédiaire de « ponts » constitués à partir du borax.

Beaucoup de recettes de slime utilisent de l'acétate de polyvinyle (PVA) contenu dans certaines colles comme longues molécules mais cela peut fonctionner avec d'autres telles que l'agar-agar (gélifiant).

Les supposées recettes sans borax

Un certain nombre de recettes vous proposent de fabriquer un slime sans borax. En réalité, elles utilisent du borax mais de manière indirecte. En effet, il est indiqué d'utiliser de la lessive, du liquide d'entretien pour lentilles de contact (par exemple Rénu) ou du liquide de rinçage pour les yeux (par exemple Dacryosérum). Un coup d'œil sur leur composition montre que ces substances contiennent du borax (tétraborate de sodium) et de l'acide borique. Ce ne sont donc pas des recettes sans borax !

L'inconvénient de certaines de ces substances pour la fabrication de slime provient de la faible quantité de borax qu'elles contiennent. Si vous essayez de fabriquer du slime en mélangeant uniquement de la colle et du Rénu, cela ne fonctionnera pas car il n'y a pas assez de borax (contrairement à ce qu'affirment certaines vidéos sur *Youtube*). Pour augmenter la quantité de borax, il faut préalablement ajouter du bicarbonate de soude au Rénu. Cet ajout va réagir avec l'acide borique contenu dans le Rénu pour former du borax et ainsi augmenter sa proportion dans le mélange et assurer le succès de la recette.

De la même manière, il est totalement inutile de mettre du bicarbonate de soude si vous utilisez une substance qui contient déjà suffisamment de borax (par exemple la lessive) ou qui ne contient pas d'acide borique. Les différentes vidéos que l'on peut consulter font un joyeux mélange de tout cela et contiennent donc souvent beaucoup d'éléments inutiles.

Fabrication du borax

Les réflexions précédentes apportent une méthode simple (avec des produits faciles à trouver en pharmacie) pour fabriquer du borax : mélanger de l'acide borique avec du bicarbonate de sodium. La marche à suivre est décrite sur la page ci-contre. Le mélange obtenu contient suffisamment de borax pour n'importe quelle recette !

Conseil

Tous les slimes fabriqués à l'aide des recettes suivantes contiennent de l'eau. S'ils restent à l'air libre, ils vont vite se dessécher et devenir durs. Pour allonger leur durée d'utilisation, il est fortement conseillé de les stocker dans un récipient hermétique (Tupperware, sachet de congélation …).

Fabriquer du Borax

> Le verre contenant l'acide borique peut être remplacé par un verre contenant 50mL de Rénu (liquide d'entretien des lentilles de contact).

Matériel

Le borax est un élément essentiel pour fabriquer du slime mais il n'est pas toujours simple à trouver. Voici une méthode pour le fabriquer :

- Acide borique en poudre (en pharmacie)
- Bicarbonate de soude
- Eau
- Deux verres, un verre doseur et deux cuillères à café

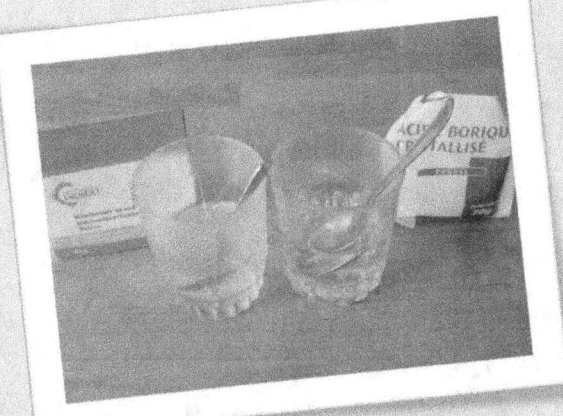

Placez environ 60mL d'eau dans chacun des verres (à peu près la moitié). Dans le premier, dissoudre une cuillère à café d'acide borique et dans le second une cuillère à café de bicarbonate de soude. Bien agiter pour dissoudre le maximum.

Mélangez le contenu de l'un des verres dans l'autre. Bien agiter. Le liquide obtenu contient du borax. La poudre restante (au fond du verre) ne sert à rien. C'est le liquide qu'il faudra utiliser dans les recettes proposées.

Slime : L'original

Matériel

- Alcool polyvinylique (disponible sur www.mondroguiste.fr ou magasins de loisirs créatifs)
- Borax (utilisez le liquide fabriqué à la page 1 ou disponible en poudre sur *Ebay*)
- Eau
- Une cuillère à café
- Un verre doseur et un saladier

Dissoudre une cuillère à café de borax dans environ 100mL d'eau ou placer 100mL du liquide fabriqué à la page 1.

Ajouter quelques gouttes de colorant alimentaire.

Placez le tout dans un saladier.

Ajoutez progressivement l'alcool polyvinylique en agitant le mélange avec la cuillère.

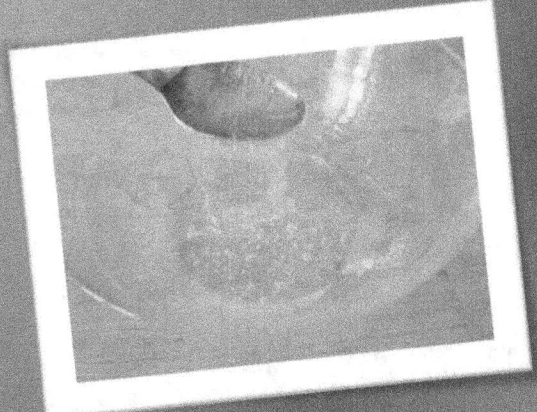

Plus vous ajoutez de l'alcool polyvinylique et plus le slime sera épais.

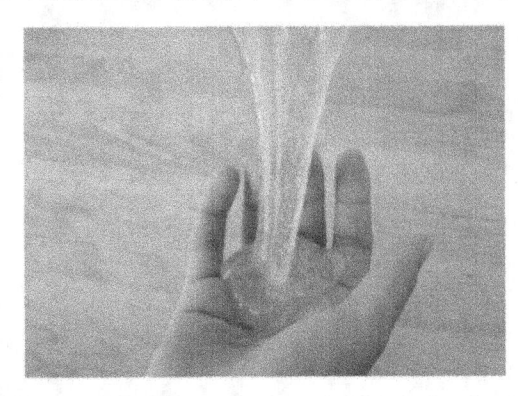

Remuez le mélange pendant un quart d'heure environ et laissez reposer une heure ou deux à l'air libre. Mélangez-le avec la cuillère de temps en temps. Quand il n'est plus collant, vous pouvez le manipuler.

Slime : Colle et Borax

Matériel

- Colle blanche (Marque Cléopâtre ou autre contenant du PVA)
- Borax (utilisez le liquide fabriqué à la page 1 ou disponible en poudre sur *Ebay*)
- Glycérine (pharmacie)
- Eau
- Un bol, un saladier et un verre doseur
- Une cuillère et une fourchette

Dans un saladier, versez environ 100mL de colle blanche, quelques gouttes de colorant alimentaire et une cuillère à café de glycérine. La glycérine rend votre slime plus élastique (trop de glycérine empêche le slime de se former).

Dans un verre, placez 4g de borax (environ une cuillère à café) et ajoutez 100mL d'eau. Mélangez bien pour le dissoudre au maximum. L'autre solution consiste à utiliser 100mL du liquide fabriqué à la page 1.

Ajoutez la moitié du borax à la colle et remuez.

Le mélange va se solidifier autour de la fourchette. Continuez de mélanger en écrasant le slime pour que toute la colle soit bien en contact avec le borax.

Prenez le slime à la main et commencez à le pétrir. S'il est trop collant, roulez-le dans le reste de borax au fond du saladier. Au besoin, ajoutez un peu de borax.

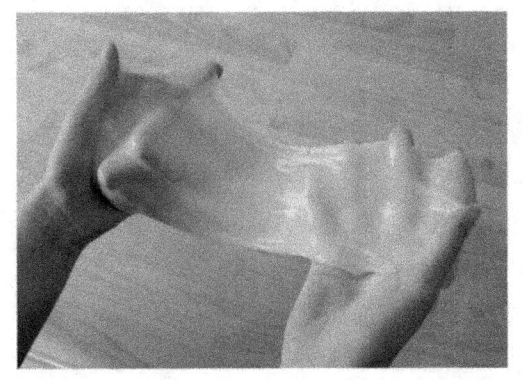

Après quelques minutes le slime est prêt !

Pour prolonger sa durée d'utilisation, stockez-le dans un sachet hermétique (type congélation).

Slime : Colle et Lessive

Matériel

- Colle blanche (Marque Cléopâtre ou autre contenant du PVA)
- Lessive (Mir Couleur fonctionne, les autres sont à tester)
- Une cuillère à café
- Un bol et un saladier
- Un verre doseur

Placez environ 100mL de colle dans un saladier.

Ajoutez un peu de lessive (20 à 30mL) et mélangez.

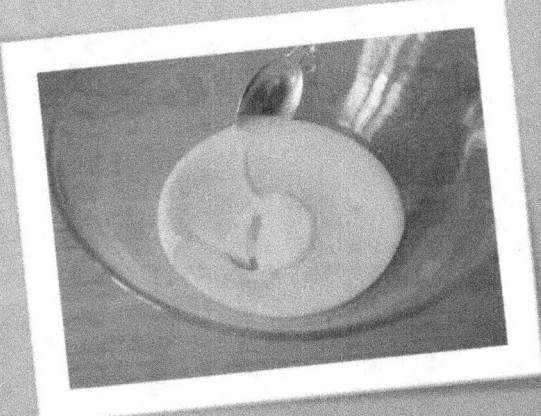

Au fur et à mesure que le slime se forme, ajoutez un peu de lessive.

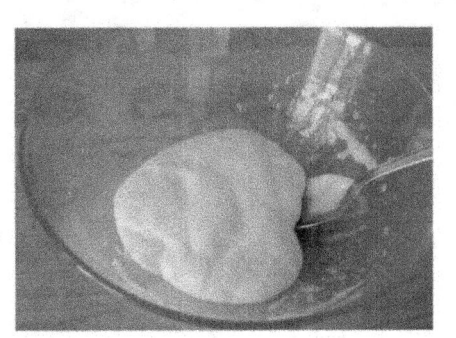

Quand le slime prend une consistance épaisse, continuez de mélanger. Touchez de temps en temps avec le doigt. Tant que le slime est collant, ajoutez un peu de lessive.

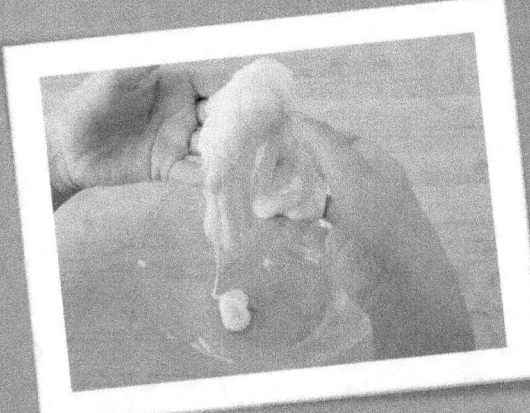

Prenez le slime du bout des doigts et malaxez-le. Il est possible qu'il recolle un peu. Ajoutez très peu de lessive et remélangez. Il finira par ne plus coller.

Vous pouvez maintenant vous amuser avec votre slime !

Slime : Colle et Rénu

Matériel

- Colle blanche (Marque Cléopâtre ou autre contenant du PVA)
- Rénu ou Dacryosérum (disponibles en parapharmacie)
- Glycérine (pharmacie)
- Bicarbonate de soude
- Eau
- Un verre doseur, deux cuillères à café et un saladier

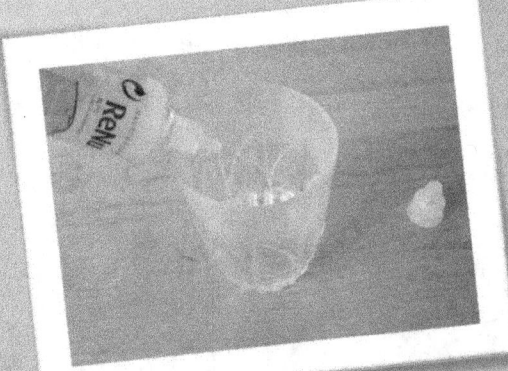

Placez environ 30mL de Rénu dans un verre.

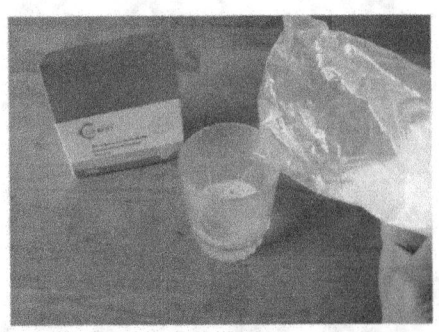

Ajoutez l'équivalent d'une cuillère à café de bicarbonate de soude et remuez avec la cuillère. Le mélange doit blanchir puis redevenir transparent.

Placez environ 100mL de colle dans un saladier avec quelques gouttes de colorants alimentaires et une cuillère à café de glycérine

Ajoutez la moitié du contenu du verre et remuez. Le slime va se former. Agitez quelques minutes en écrasant bien avec la cuillère.

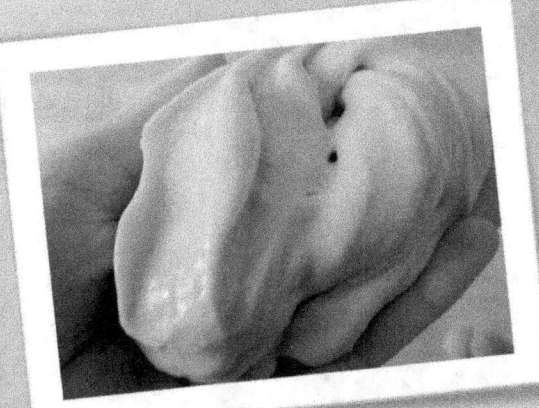

Prenez le slime à la main et malaxez-le. S'il est encore un peu collant, versez un peu de borax dessus et continuez de malaxer.

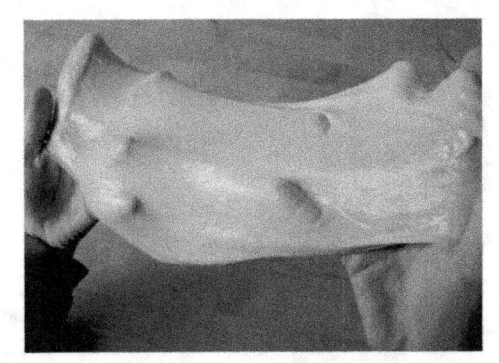

Votre slime est prêt !

Slime Mangeable

Matériel

- Poudre de Psyllium (Magasin bio)
- Eau
- Un saladier et une cuillère à café

Mettez quatre ou cinq cuillères à café de poudre de psyllium dans un saladier.

Ajoutez un grand verre d'eau qui aura été portée à ébullition cinq minutes avant (attention de ne pas vous brûler).

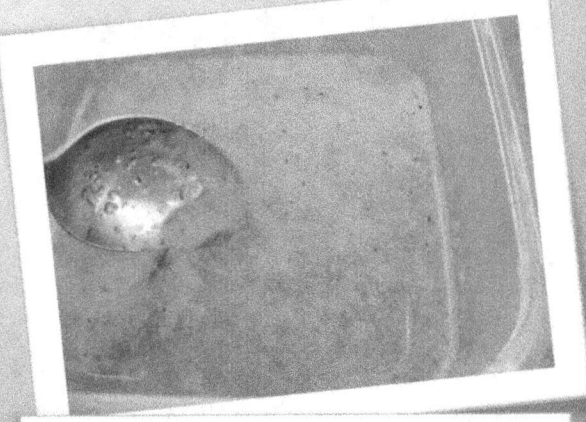

Mélangez vigoureusement la poudre et l'eau.

Après deux ou trois minutes, le mélange va épaissir. Continuez de mélanger jusqu'à ce que le mélange n'évolue plus.

La pâte formée est légèrement collante. Laissez-la à l'air libre quelques dizaines de minutes puis malaxez-la. Elle ne sera plus collante.

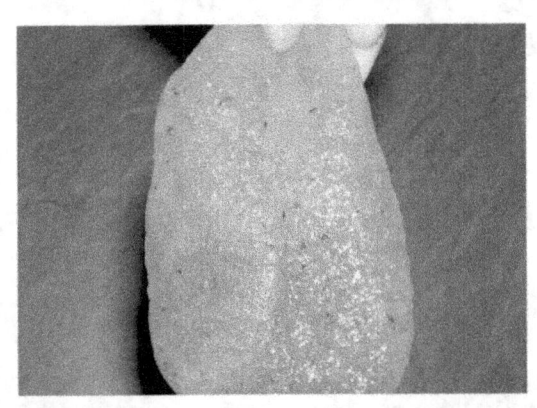

Voici votre pâte gluante !

Vous pouvez la colorer avec des colorants alimentaires.

Elle est mangeable mais le goût n'est pas exceptionnel !

Slime Transparent

Matériel

- Colle transparente (Marque Cléopâtre ou autre contenant du PVA)
- Borax (fabriqué à la page 1 ou disponible en poudre sur *Ebay*)
- Glycérine (pharmacie)

Placez environ 100mL de colle transparente dans le saladier.

Ajoutez une cuillère et demie à café de glycérine. Mélangez.

Ajoutez le borax fabriqué grâce à la méthode de la page 1 ou 4g de borax en poudre dissout dans 100mL d'eau.

Mélangez bien pendant que le slime se forme. Continuez de mélanger en écrasant bien le slime pour que la réaction se fasse uniformément.

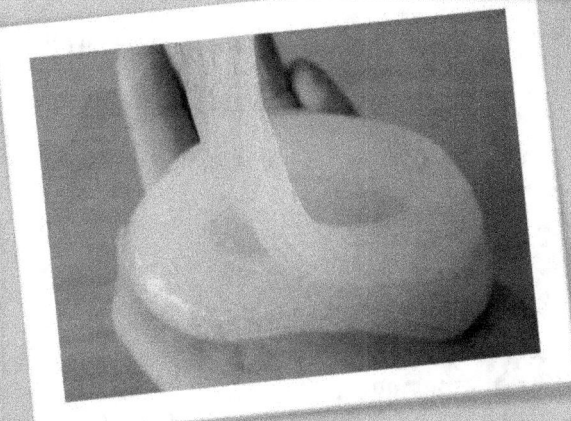

Malaxez-le à la main. S'il est encore collant, placez le slime dans le saladier avec un peu de borax et malaxez-le à nouveau.

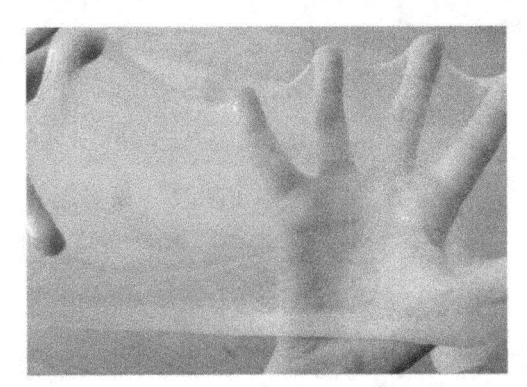

Le slime transparent est prêt !

Slime Magnétique

Matériel

- Colle transparente (Marque Cléopâtre ou autre contenant du PVA)
- Borax (fabriqué à la page 1 ou disponible en poudre sur *Ebay*)
- Peinture magnétique (magasin de bricolage ou de loisirs créatifs)
- Glycérine (pharmacie)
- Une cuillère à café

Mélangez 100mL de colle transparente, deux cuillères de glycérine et environ 30mL de peinture magnétique (environ 1/3 du volume de colle). Ajoutez environ 30mL de borax et mélangez.

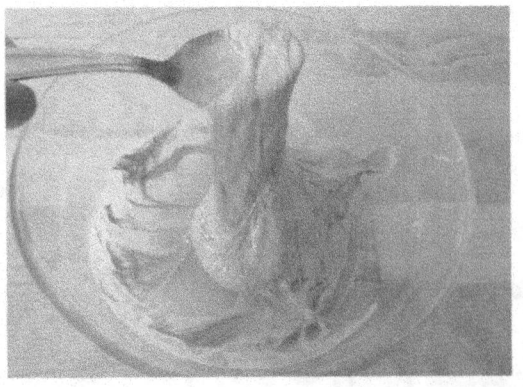

Le slime se forme. Comme les autres slimes, malaxez-le et s'il est collant, ajoutez un peu de borax.

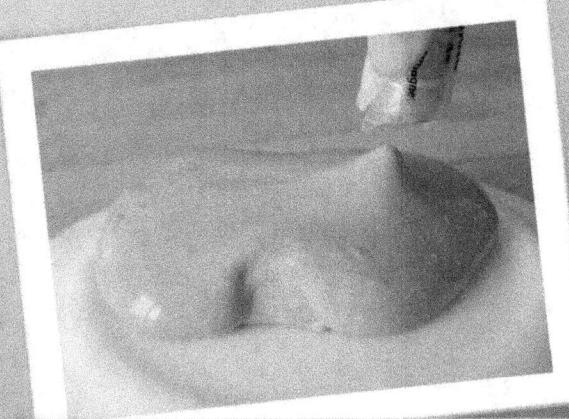

Approchez un aimant : le slime va être attiré !

Un tentacule va sortir du slime et suivre votre aimant si vous le déplacez !

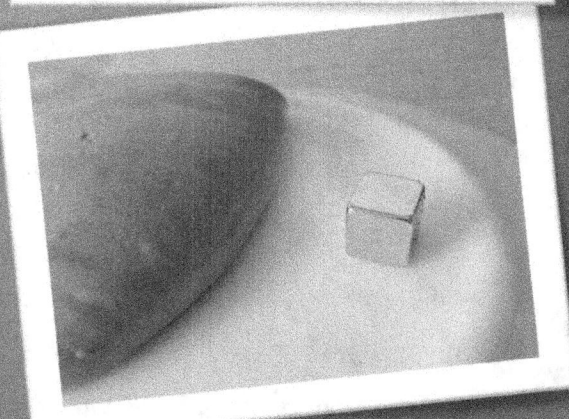

Laissez l'aimant à proximité du slime. Petit à petit, il va s'approcher et …

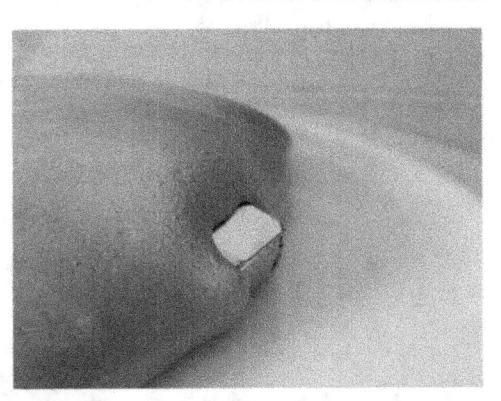

… l'absorber !!

Slime Moelleux

Matériel

- Tout ce qu'il faut pour faire le slime transparent de la page 12 (ou un autre de votre choix)
- De la mousse à raser (pas du gel)

Mélangez 100mL de colle transparente, une cuillère de glycérine et de la mousse à raser sur une hauteur de deux à trois centimètres qui recouvre toute la colle (il est préférable de mettre une petite quantité que vous augmenterez lors d'un deuxième essai). Ajoutez environ 30mL de borax et mélangez.

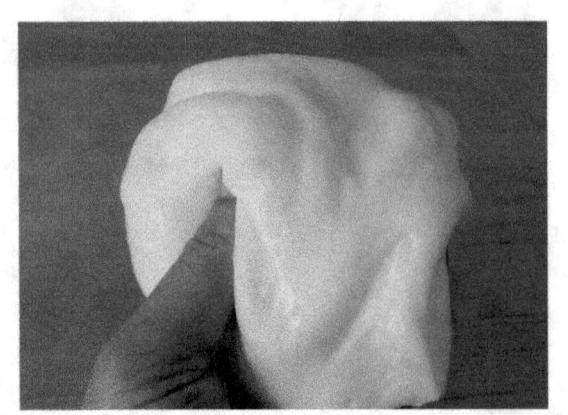

Mélangez pendant plusieurs minutes. Vous obtenez alors un slime très ... moelleux !

N'hésitez pas à ajouter du borax s'il colle encore.

Slime Allégé

Matériel

- Tout ce qu'il faut pour faire le slime transparent de la page 12 (ou un autre de votre choix)
- Des petites billes de polystyrène de 2 ou 3 mm (récupération de certaines boules de Noël ou sur Amazon)

Mélangez 100mL de colle transparente, une cuillère de glycérine et une poignée de billes de polystyrène (pas trop au début, vous pourrez en ajouter après si vous le souhaitez). Ajoutez 30 mL de borax et mélangez.

Mélangez pendant plusieurs minutes. Vous obtenez alors un slime « un peu » grumeleux !

Slime de Fête !

Matériel

- Tout ce qu'il faut pour faire le slime transparent de la page 12
- Des paillettes de la couleur que vous souhaitez

Suivez la recette du slime transparent mais avant d'ajouter le borax, ajoutez les paillettes. A vous de juger de la quantité selon l'aspect que vous souhaitez. Vous pourrez encore ajouter des paillettes après le borax.

C'est un magnifique slime !

Balle Rebondissante (1)

Matériel

- Colle blanche (Marque Cléopâtre ou autre contenant du PVA)
- Borax (utilisez le liquide fabriqué à la page 1 ou disponible sur *Ebay*)
- Un saladier et un verre doseur
- Une cuillère

Fabriquez du slime en suivant la recette « Colle et borax » de la page 4 mais sans eau (sauf pour fabriquer le borax) ni glycérine.

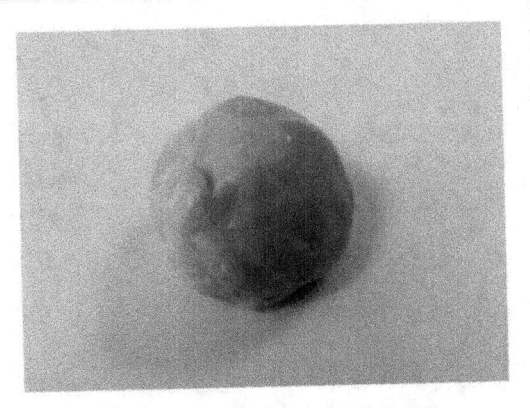

Vous allez former un slime très épais et presque solide. Mettez-le en boule en le roulant entre vos mains. Lancez-le, il rebondira.

Balle Rebondissante (2)

Matériel

- Joint silicone pour salle de bains de la marque Sader (autres marques à tester).
- Maïzéna
- Une cuillère à café (jetable car difficile à nettoyer)

Placez une quantité de silicone représentant environ une fois et demie le volume de la balle que vous souhaitez faire.

Recouvrez de Maïzéna. Mélangez bien de manière à incorporer la Maïzéna dans le silicone. Cela devrait faire plein de petits morceaux.

Ajoutez quelques gouttes de colorants alimentaires et continuez de mélanger en écrasant bien.

Récupérez tous les petits morceaux avec vos doigts et malaxez. Si cela colle, mettez de la Maïzéna sur vos doigts et continuez de malaxer.

Après une ou deux minutes, roulez la pâte entre vos mains de manière à lui donner la forme d'une boule bien lisse. Arrondissez-la bien en appuyant sur toutes les petites bosses.

Continuez cela pendant une vingtaine de minutes. Ne la posez pas sinon elle va s'affaisser et il y aura un plat sur votre balle. Au bout d'une heure, elle sera sèche.

Avec cette méthode vous pouvez fabriquer d'autres petits objets.

Balle Rebondissante (3)

Matériel

- Du silicate de sodium à 40% (www.mondroguiste.fr ou autres sites)
- Alcool ménager (grande surface)
- Des gants en caoutchouc
- Une cuillère et un verre

Placez 5mL d'alcool dans le verre et ajoutez 20mL de silicate de sodium. Si vous ne pouvez pas mesurer précisément, il faut quatre fois plus de silicate que d'alcool.

Remuez le mélange et une substance blanche va se former.

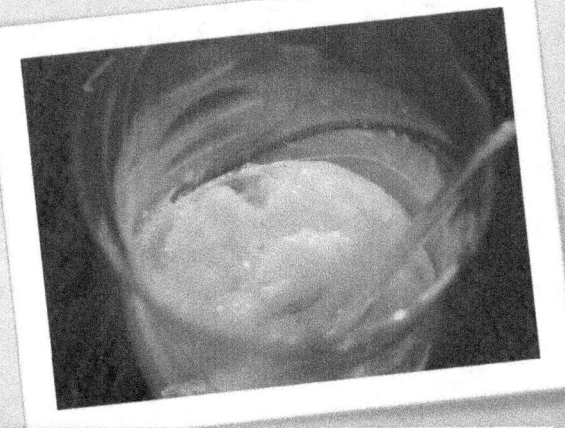

Continuez de remuer pour laisser le temps à la réaction de se faire jusqu'au bout (deux à trois minutes).

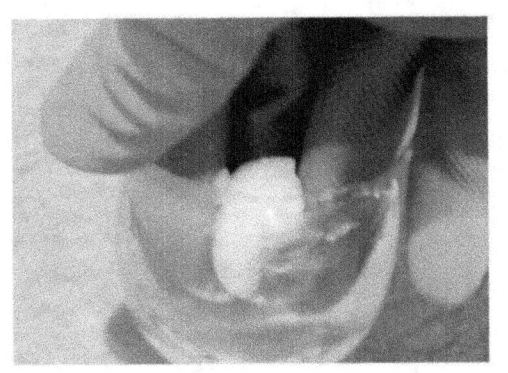

Récupérez cette substance avec des gants. Le silicate de sodium est corrosif.

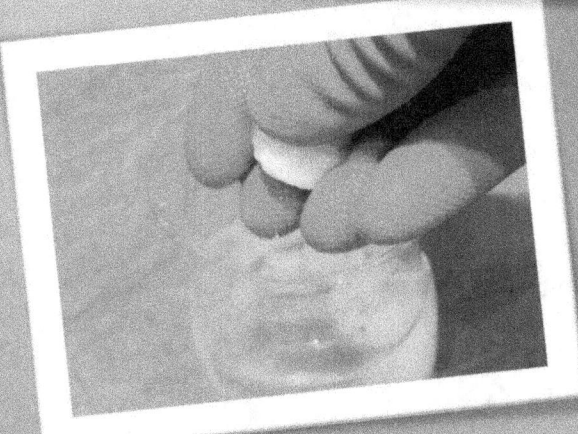

Formez une boule en la serrant assez fort entre vos doigts. Cette étape peut se faire sous un filet d'eau pour enlever l'alcool ou le silicate qui n'aurait pas réagi.

Votre balle est prête et elle peut rebondir très haut !

Attention, testez-la en extérieur car il est possible qu'elle laisse des traces de silicate sur le sol (difficiles à enlever).

www.ingramcontent.com/pod-product-compliance
Lightning Source LLC
Chambersburg PA
CBHW082224220526
45470CB00010B/3299